献给无法遗忘的过去。
　　　　——埃莱娜·拉杰克

献给我的祖父母和我的父亲。
　　　　——达米安·拉韦尔杜恩

图书在版编目（CIP）数据

灭绝动物的故事 / (法) 埃莱娜·拉杰克,(法) 达
米安·拉韦尔杜恩著；马青译. -- 北京：北京联合出
版公司, 2021.5
　　ISBN 978-7-5596-5147-1

　　Ⅰ．①灭… Ⅱ．①埃… ②达… ③马… Ⅲ．①古动物
—儿童读物 Ⅳ．①Q915-49
　　中国版本图书馆CIP数据核字(2021)第051388号

Petites et grandes histoires des animaux disparus ©Actes Sud, France, 2016
Simplified Chinese rights are arranged by Ye ZHANG Agency (www. ve-zhang. com)
Simplified Chinese edition copyright © 2021Ginkgo (Beijing) Book Co., Ltd.

本书中文简体版权归属于银杏树下（北京）图书有限责任公司
本书插图系原版图书插图
审图号：GS（2021）413号

灭绝动物的故事

作　　者：[法]埃莱娜·拉杰克　[法]达米安·拉韦尔杜恩　　　译　者：马青
出 品 人：赵红仕　　　　　　　　　　　　　　　　　选题策划：北京浪花朵朵文化传播有限公司
出版统筹：吴兴元　　　　　　　　　　　　　　　　　编辑统筹：张丽娜
责任编辑：牛炜征　　　　　　　　　　　　　　　　　特约编辑：杨崐
营销推广：ONEBOOK　　　　　　　　　　　　　　　装帧制造：墨白空间·王茜

北京联合出版公司出版
（北京市西城区德外大街83号楼9层　100088）
天津图文方嘉印刷有限公司　新华书店经销
字数80千字　650毫米×990毫米　1/8　10印张
2021年5月第1版　2021年5月第1次印刷
ISBN 978-7-5596-5147-1
定价：88.00 元

读者服务：reader@hinabook.com 188-1142-1266
投稿服务：onebook@hinabook.com 133-6631-2326
直销服务：buy@hinabook.com 133-6657-3072
官方微博：@ 浪花朵朵童书

浪花朵朵

[法] 埃莱娜·拉杰克　[法] 达米安·拉韦尔杜恩　著　马青　译

灭绝动物
的故事

北京联合出版公司
Beijing United Publishing Co.,Ltd.

目 录

1   前 言 古原狐猴也曾来过
2   灭绝动物分布图

4 美 洲

6   谁害怕玛平瓜里？
      大地懒
      Megatherium sp.

8   如何重组雕齿兽的甲壳？
      雕齿兽
      Glyptodon clavipes

10 谁把巨河狸变小了？
      巨河狸
      Castoroide ohioensis

12 威廉·科迪如何成了水牛比尔？
      美洲野牛
      Bison bison

14 画家奥杜邦有什么了不起的计划？
      大海雀
      Pinguinus impennis

16 达尔文在马尔维纳斯群岛上遇到了谁？
      福克兰狐
      Dusicyon australis

18 夏威夷群岛上的哪些鸟类灭绝了？
      夏威夷监督吸蜜鸟
      Drepanis pacifica

20 旅鸽是怎么灭绝的？
      旅 鸽
      Ectopistes migratorius

22 简小姐和因卡斯是谁？
      卡罗来纳长尾鹦鹉
      Conuropsis carolinensis

24 孤独乔治是谁？
      平塔岛象龟
      Chelonoidis abingdonii

26 非 洲

28 森林里还有怪兽出没吗？
      马达加斯加侏儒河马
      Hippopotamus lemerlei

30 巨鸟是理想的交通工具吗？
      象 鸟
      Aepyornis sp.

32 倒霉的伊托沃怎么变成了巨狐猴？
      古原狐猴
      Palaeopropithecus sp.

34 谁拯救了大颅榄树？
      渡渡鸟
      Raphus cucullatus

36 亚洲和欧洲

38 谁赢得了"世界最大鹿角比赛"的冠军？
大角鹿
Megaloceros giganteus

40 西伯利亚最大的宝藏是什么？
猛犸
Mammuthus primigenius

42 赫拉克勒斯真的把欧洲狮的皮披在身上吗？
欧洲狮
Panthera leo europaea

44 独眼巨人和欧洲矮象有什么关系？
欧洲矮象
Elephas falconeri

46 不可征服的原牛到底是什么动物？
原牛
Bos primigenius

48 为什么巨儒艮没有被人类发现也许更好？
巨儒艮
Hydrodamalis gigas

50 老虎会灭绝吗？
巴厘虎
Panthera tigris balica

52 白鱀豚灭绝了吗？
白鱀豚
Lipotes vexillifer

54 大洋洲

56 澳大利亚有哪些大家伙？
巨长吻针鼹
Zaglossus hacketti

58 勇士鲁鲁怎样打败了传说中的巨鸟普卡？
哈斯特鹰
Harpagornis moorei

60 "恐鸟杀手"是谁？
恐鸟
Dinornis sp.

62 袋狼到底是什么动物？
袋狼
Thylacinus cynocephalus

64 谁想的坏主意，把外来动物带到澳大利亚？
豚足袋狸
Chaeropus ecaudatus

66 名词解释
68 灭绝动物年表

古原狐猴也曾来过

在踏上月球之前，人类一直在自己的星球上不断探索。我们来到一个又一个大洲、一片又一片海洋、一座又一座岛屿……慢慢地，人类的生命涌动在世界的每一个角落。我们在大自然中的发现令自己赞叹不已，于是画下了那些画面，保存了那些具体的生命痕迹：骨骼、羽毛、标本、化石……

所以我们现在才能看到这么多标本、版画，这么多历史的见证！一直以来，法国国家自然历史博物馆都以展览地球的早期植物、早期动物等著名物种为傲；然而现在，展览灭绝物种——展出某个物种在野生环境中的最后一具骨骼、最后一片皮肤、最后的痕迹、最后的照片……成了我们不得不承担的令人难过的使命。

科学的发展是历史长河中人类一个个微小尝试的积累：前往未知海域航行，踏进神秘森林探险，深入被遗忘的世界。每一次探索发现的新生物，都让我们感到震惊。它们或是色彩夺目，或是散发醉人的馨香，或是形态奇特……每一次，我们都尝试着把它们带回来，把它们驯化，让它们变成我们日常生活的一部分。一个世纪又一个世纪过去，不断有新的土地和新的物种被人类征服。

然而今天，大自然越来越寂静了。马达加斯加的古原狐猴已经消失了，如今只能在传说中见到这种大型狐猴的身影。渡渡鸟、马达加斯加侏儒河马、恐鸟、哈斯特鹰……还有很多仅名字就能让我们向往的动物，都消失了。

很少有作品勇于谈论这些由于人类的过失才灭绝的物种，并借文字让它们重现在我们眼前。当然，人类并非是导致他们消失的唯一原因。由于气候和地球本身的原因，自然环境本就在不断变化。从古至今各个时期的人类活动，使得本已残酷的自然环境变得更加恶劣。狩猎、人口迅速增长、森林砍伐、全球工业化……都使得动植物消失的速度越来越快。

这本精美的书志在盘点这些消失的动物，把它们记录下来。书里的每一页，都将带读者踏上一次时光之旅。

法国国家自然历史博物馆

塞西尔·柯林和吕克·维夫

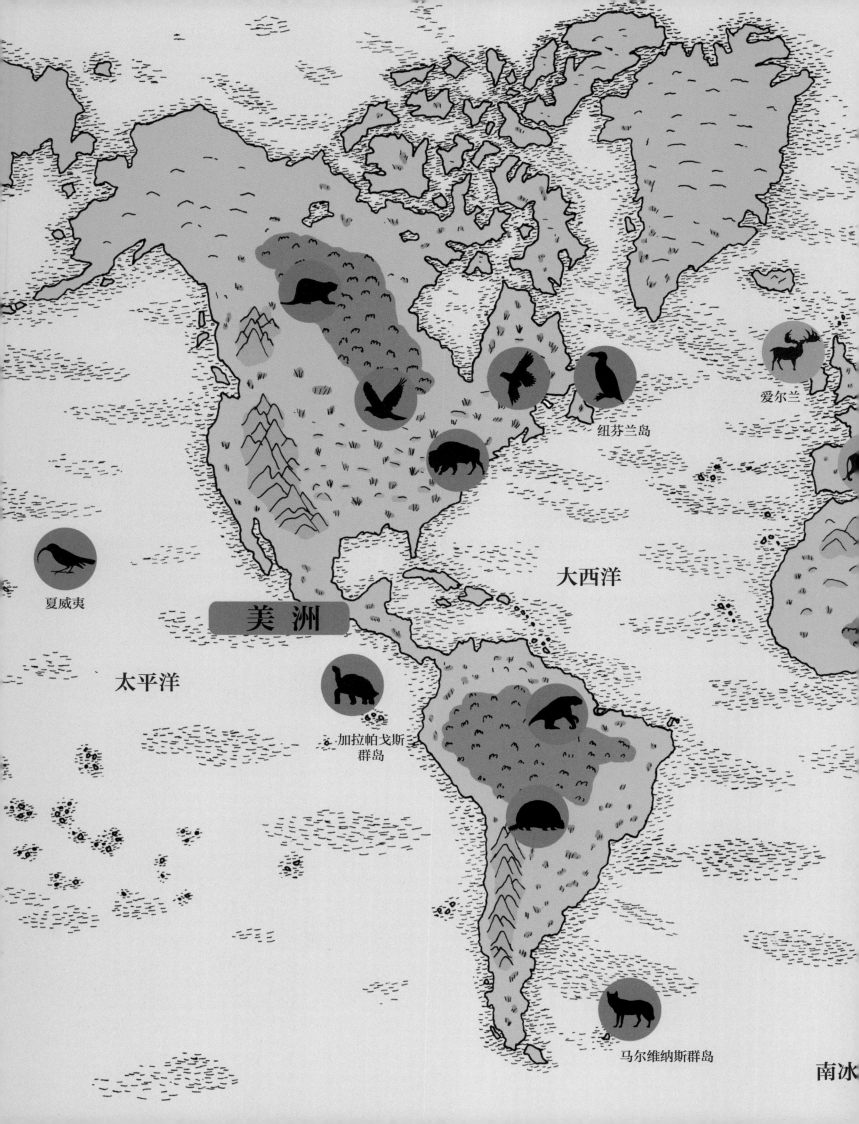

夏威夷

爱尔兰

纽芬兰岛

大西洋

太平洋

美 洲

加拉帕戈斯
群岛

马尔维纳斯群岛

南冰

水洋

欧洲和亚洲

太平洋

非洲

印度洋

巴厘岛

澳大利亚

马达加斯加

毛里求斯

大洋洲

塔斯马尼亚

新西兰

白令海

美 洲

美洲北至加拿大和格陵兰岛，南到南美洲的最南端。巴拿马海峡横在美洲中间，将美洲分为了北美洲和南美洲。

白令海峡位于美洲大陆与亚洲大陆之间。一万年前，人类已经到了美洲，而且在那里遇到了很多体形巨大的动物，如**巨河狸**和长着甲壳的大型哺乳动物**雕齿兽**。

15世纪，欧洲探险家跨越大西洋寻找前往印度的航线。旅途中，他们发现了美洲，将它命名为"新大陆"。他们在此定居，并不断向美洲西部探索，最终直接或间接地导致许多物种都成为这一殖民运动的受害者，如**美洲野牛**和**旅鸽**。

谁害怕玛平瓜里?

玛平瓜里又被叫作伊斯纳希,是一种生活在巴西和玻利维亚热带雨林中的大怪物。在当地的故事和传说中,它是一种奇异的动物:身形巨大,有长长的前肢和尖利的爪子。它的皮肤很厚,上面覆盖着棕色的毛,因此它刀枪不入。

有些故事说玛平瓜里长着两只眼睛,也有些故事说它是独眼巨兽,还有的故事说它像个怪物:肚子上有张嘴,还长着长长的獠牙。大部分故事里,它都散发着令人难以忍受、想要呕吐的恶臭。还有,它的行动非常缓慢,但这并没有减轻它的可怕程度。

这些传说十分神秘,再加上有人声称亲眼见到过这种怪兽,很多研究人员和探险家都踏上了一寻究竟的探险之路。有研究人员肯定地说这种动物是真实存在的,属于一种大地懒。人们以为它们灭绝了,其实它们隐居在森林之中。

大地懒

学名：*Megatherium sp.*

体长：6 米
体重：4 吨
分布：南美洲
灭绝时间：1 万年前

　　亚马孙流域广阔的森林中曾生活着好几种地懒：泛美地懒、磨齿兽以及巨大的大地懒。它们都是植食性动物，生活在地面上。如今，树懒都生活在树上。有些传说和文献声称，地懒可能依然存活。然而，各种研究证实，在大约 1 万年前，它们已经灭绝了。如果这些动物真的曾与人类比邻而居，那也是很久很久以前的事了……

笨重的植食动物

大地懒总是在草木茂盛的平原上缓慢前行。为了站起来吃树上的叶子，它会用尾巴支撑起身体，让自己保持平衡，然后再把树叶拉到嘴边。

可怕的巨兽

大地懒是体形最大的地懒，身长可达 6 米。它们用后肢站立的时候，看起来应该非常吓人！

巨大的大地懒

除了体形巨大，大地懒的爪子也长得惊人，那是它的武器。不过这种植食动物没什么攻击性，而且非常笨拙，根本追不上其他动物。

如何重组雕齿兽的甲壳？

你好，我是弗洛伦蒂诺·阿梅吉诺教授。我是19世纪阿根廷著名的古生物学家。

我也是一个不知疲倦的探险家。多年来，在阿根廷的山谷和平原上，我来来回回寻找着古生物的化石。

就这样，我发现了从未被发现的史前动物的生存痕迹。我的发现一定会让全世界的科学家为之激动，也会让普通人更了解这段历史。

其中，我最令人瞩目的考古研究，是重组了1万年前生活在南美洲的神秘动物的骨骼化石。这种动物就是雕齿兽。

通过仔细研究这种哺乳动物的化石，我能够从中了解它们的生活方式、饮食习惯和生活环境。

在雕齿兽化石的附近，我还发现了人类骸骨化石。这证实了，最早的人类曾与雕齿兽在同一处生活。

甚至可以大胆地猜测，雕齿兽巨大的甲壳曾被人类当作房屋或墓穴。

雕齿兽

学名：*Glyptodon clavipes*

1 万年前，大冰期进入间冰期之后，一些大型哺乳动物逐渐灭绝了，如猛犸、剑齿虎和雕齿兽。雕齿兽是一种大型的犰狳近亲，生活在南美洲的草原上，它坚硬的甲壳能保护自己不受捕食者的伤害。然而现在我们了解到，它的灭绝在一定程度上与一个新捕食者的出现有关，雕齿兽对他们防备不足。这个捕食者就是：人类……

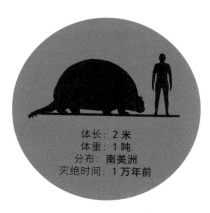

体长：2 米
体重：1 吨
分布：南美洲
灭绝时间：1 万年前

有甲壳的哺乳动物

雕齿兽虽然看起来像一只巨大的龟，实际上是哺乳动物。它身体的某些部位长着毛，躯干和头尾由小片骨板组成的坚硬甲壳包裹着。

可怕的战斗机器

除了坚不可摧的背甲，雕齿兽的尾巴也很厉害。它不但有一圈圈的甲环保护，表面还长着尖刺，看起来就像一根狼牙棒。

缺少牙齿的美食家

雕齿兽和食蚁兽、树懒、犰狳一样，属于贫齿目动物。犰狳几乎没有牙齿，而雕齿兽也只在嘴巴靠后的位置有牙齿。雕齿兽就靠这些牙齿咀嚼叶子和坚韧的植物根茎。

谁把巨河狸变小了？

　　很久以前，每到夏天，美洲的米科马克印第安部落就靠捕鱼为生。有一天，巨河狸建造了一座很大的水坝，把上游来的鱼都拦住了。米科马克人捕不到鱼，族人就会饿死，于是他们决定与巨河狸开战。可巨河狸太强大了，用尾巴就把他们的小船打得七零八落。

　　米科马克人只好请他们的英雄克鲁斯卡普来助阵。克鲁斯卡普加入战斗后，挥动巨大的狼牙棒，一下把水坝击成了碎片，然后转身去对付巨河狸的首领。他一把抓住巨河狸首领的尾巴，向空中抡了好几圈，之后猛地松手。巨河狸首领就飞了出去，到很远的地方才落下，变成了一座山，就是现在的面包山（面包山是巴西著名旅游景点。——编者注）。

　　克鲁斯卡普准备对付其他巨河狸，此时它们都吓得不敢动弹。克鲁斯卡普摸了摸它们的头，把它们的个头变小了。他对印第安人说，以后巨河狸再也不会给人添麻烦了：它们现在个头很小，再也不能筑起高高的水坝，拦住上游的鱼了。

巨河狸

学名：*Castoroide ohioensis*

米科马克人的传说记录了英雄克鲁斯卡普与巨河狸之间的激烈战斗，由此我们可以推测巨河狸曾与人类同时存在，并可能是人类的捕猎对象。巨河狸于1万年前大冰期的冰期末期灭绝。它可能和猛犸、始祖马等同时期灭绝的动物一样，死于气候寒冷和食物短缺。但今天的许多研究证实，人类的捕猎行为确实在很大程度上加速了这种动物的灭绝进程。

体长：2米
体重：100千克
分布：北美洲
灭绝时间：1万年前

威廉·科迪如何成了水牛比尔？

威廉·科迪那时还不到 20 岁。他在铁路公司工作，负责为工人提供肉类食品。他需要每天捕猎大量的野牛，才能满足铁路工人的需要。

这位传奇牛仔捕猎了非常多的野牛。据说他曾和别人打赌，看谁一天内捕猎的野牛更多。他赢得了这场赌局，也因此被称为"水牛比尔"（水牛指的就是美洲野牛）。

后来，威廉·科迪决定保留这个绰号，参加美国西部生活主题的演出，重现与印第安人打斗、袭击马车、捕猎野牛等场景。他在世界各地巡演，获得了巨大成功，牛仔形象和美国西部神话都起源于此。

美洲野牛

学名：*Bison bison*

肩高：1.5~2 米
体重：1000 千克
分布：北美
灭绝时间：近危

如果说美洲野牛几乎灭绝是水牛比尔一个人造成的，显然有些夸张。不过，他确实是野牛屠杀的重要参与者。人类的这种屠杀行为一方面是为了获取野牛的肉和皮毛，另一方面是出于政治目的：殖民者用这种方式掠夺印第安人的食物，以便更快地掠夺他们的土地。白人殖民者到来之前，美洲野牛数量众多，在 18 世纪末时，它们的数量大约有 5000 万到 7000 万头。随着美国西部大开发的步伐和牛仔文化的盛行，它们一度几乎灭绝。

大胡子野牛
美洲野牛的皮毛颜色很深，它有一张老成的脸，上面长着一把大胡子。

野牛的种类
美洲野牛共有两个亚种：森林野牛、草原野牛。

13

画家奥杜邦有什么了不起的计划？

19世纪，美国画家约翰·詹姆斯·奥杜邦见到了美洲新大陆的动物，众多从未见过的鸟类让他兴奋不已。

他决定把这些鸟儿都记录下来。他在这里度过了30年，为美洲特有的鸟类创作了近400幅画作，后来这些画被收录在一部举世闻名的书中。

他的画作是宝贵的见证，记录了许多现在已经灭绝的动物，比如旅鸽和卡罗来纳长尾鹦鹉。

此外，奥杜邦也画下了拉布拉多鸭。大约过了50年，这种海鸭就灭绝了，它们的灭绝可能与渔民和水手的活动有关。

他为大海雀画的肖像享有盛名。事实上，他准备画这幅画的时候，大海雀已经难觅踪迹，因此他只能对着标本作画。

还有两种人们认为灭绝已久的鸟类：帝啄木鸟和象牙啄啄木鸟，也被奥杜邦画了下来。后来，有人称自己见过这两种鸟，但也没有拿出相关的证据。

大海雀

学名：*Pinguinus impennis*

大海雀曾经生活在北大西洋沿岸欧洲和美洲的岩石岛屿上。它们的灭绝与沿海的人类活动关系密切，渔民为了获取大海雀的肉、脂肪和羽毛，肆意捕杀它们。而大海雀对人类的防范程度很低，遭到捕猎也不能飞走逃命。16 世纪起，大海雀被大规模屠杀。虽然后来它们有一部分躲到了偏远的小岛，但还是无法逃脱被人类无情猎杀的命运。最终，大海雀于 19 世纪灭绝。

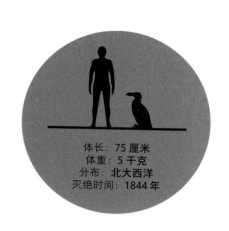

体长：75 厘米
体重：5 千克
分布：北大西洋
灭绝时间：1844 年

黑白配色的"外衣"

大海雀的后背和脖颈处是黑色，腹部为白色。眼睛旁边有一块标志性的白色斑点，向喙的方向延伸。

最大的"刀嘴海雀"

不要把大海雀和体形较小、仍生存在世界上的刀嘴海雀相混淆。这两个物种不仅体形差异较大，还有一个显著的区别：刀嘴海雀会飞，大海雀不会。

不知疲倦的泳者

大海雀身体结实，耐力好，善于游泳。它可以毫不费力地在海水里游上 10 个月。到了春天，它会上岸筑巢产卵（一年只产一枚卵），哺育雏鸟。

达尔文在马尔维纳斯群岛上遇到了谁?

福克兰狐

学名：*Dusicyon australis*

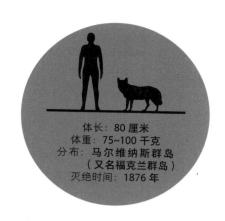

体长：80 厘米
体重：75~100 千克
分布：马尔维纳斯群岛
（又名福克兰群岛）
灭绝时间：1876 年

　　福克兰狐，也被称为福克兰狼、瓦拉。福克兰狐在 17 世纪末被人发现，它既像狐狸又像狼，是一种很难归类的动物。达尔文于 1833 年见到这一物种，将它命名为南极狼。1880 年，生物学家托马斯·赫胥黎认为它们与郊狼亲缘关系接近。后来，他认为它们还是更接近狐狸。1914 年，学者将它命名为福克兰狐，认为它们与南美洲的一种犬科动物——山狐是近亲。

纪念瓦拉河

在马尔维纳斯群岛，人们依然记得这种动物：他们以它的名字命名了瓦拉河，而当地 50 便士的硬币上还印着福克兰狐。

犬科动物的奇异食谱

马尔维纳斯群岛只有两种哺乳动物：福克兰狐和老鼠。那福克兰狐能够以什么为食呢？人们猜测，它只能捕食鸟儿、昆虫和它们的幼虫了。这可不是一般狐狸会吃的东西！

夏威夷群岛上的哪些鸟类灭绝了？

一些科学家认为，最近 200 年里，夏威夷群岛是地球上鸟类灭绝种类最多的地方。

比如曾经生活在这里的四种吸蜜鸟，已经全部灭绝了。它们的叫声是独特的喔喔声，夏威夷人就叫它们"O' O"。

人们总是把夏威夷监督吸蜜鸟和毕氏吸蜜鸟相混淆，其实它们是非常独特的一个物种。它们敏感谨慎，吸食花蜜为生。

鬃吸蜜鸟是一种体形较大的鸟类，它们也以岛上丰富的花蜜为食。

鹦嘴管舌雀体形丰满，辨识度很高。它们是一种贪吃的小鸟，一天到晚都吃个不停。

雷仙岛秧鸡个头虽小，攻击性却很强，总是和体形比它大的鸟儿打架。据说它的叫声非常急促，总能吓人一跳。

夏威夷监督吸蜜鸟

学名：*Drepanis pacifica*

夏威夷监督吸蜜鸟是吸蜜鸟的一种，只生活在夏威夷群岛。它们黄色的羽毛像黄金般闪耀，深受夏威夷原住民的喜爱。但原住民也因此会捕猎这种鸟，用它们的羽毛装饰仪式服装。有时候，仅仅装饰一件斗篷，就需要用成千上万只吸蜜鸟的羽毛。后来欧洲和美洲的殖民者也来捕猎吸蜜鸟，把它们卖给喜爱吸蜜鸟羽毛和叫声的收藏家。于是这种鸟越来越稀少，终于在 19 世纪末灭绝。几年后，它们的近亲黑监督吸蜜鸟也遭遇了同样的命运。

体长：17 厘米
体重：30 克
分布：夏威夷群岛
灭绝时间：1899 年

吸食花蜜的鸟儿
夏威夷监督吸蜜鸟像蜂鸟一样吸食花蜜，长而弯的鸟喙让它们在花瓣闭合的时候也可以吸到花蜜。它们最喜欢的是半边莲的花蜜。

神秘的鸟儿
它们安静地生活在夏威夷森林的树顶上，很少暴露踪迹。

19

旅鸽是怎么灭绝的？

俄亥俄州（美国），1850 年

俄亥俄州（美国），1870 年

俄亥俄州（美国），1900 年

旅 鸽

学名：*Ectopistes migratorius*

体长：40 厘米
体重：300 克
分布：北美洲
灭绝时间：1914 年

　　几个世纪前，旅鸽（不要和旅行的鸽子混淆哦）的数量非常庞大。但它们走向灭绝，仅用了一个世纪的时间。这是历史上速度最快、最悲壮的一次物种灭绝事件。导致它们灭绝的原因有多个：首先是人类的猎鸽活动；其次，19 世纪末，旅鸽遭遇了一种病毒，这加速了它们的灭绝；最后，由于数量过少，它们已经无法维持物种的繁衍。根据科学家的说法，如果某个物种的数量太少，低于最低临界值，就一定会走向灭绝。

飞行之王
流线型的身材让旅鸽能够快速飞行，甚至可以来一个空中杂技。旅鸽的方向感非常好，在长途飞行中也不会迷失方向。

贪吃的旅者
与其他的候鸟不同，旅鸽的迁徙与季节无关。只要它们吃光了某个地方的食物，就会去寻找一个新的家园。

旅行的馅饼
这种鸽子被叫作旅行的馅饼。加拿大有一种非常有名的圆形馅饼，最早就是用旅鸽的肉做的。

简小姐和因卡斯是谁？

因卡斯是19世纪末的一只卡罗来纳长尾雄鹦鹉，生活在美国南部森林中。

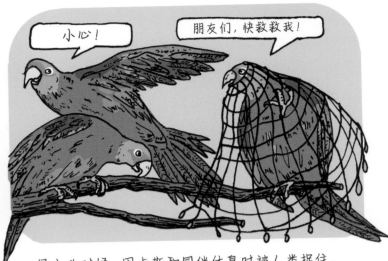

很小的时候，因卡斯和同伴休息时被人类捉住。

因卡斯被带到了辛辛那提动物园，安置在笼子里。它就是在那里遇到了简小姐——另一只年轻的卡罗来纳长尾鹦鹉。

因卡斯和简小姐陷入了热恋，在之后的很多年里，它们同住一个笼子，共同进食……

有一天，简小姐去世了，留下伤心欲绝的因卡斯。1918年，在简小姐离开的几个月后，因卡斯也因悲痛过度随之而去。

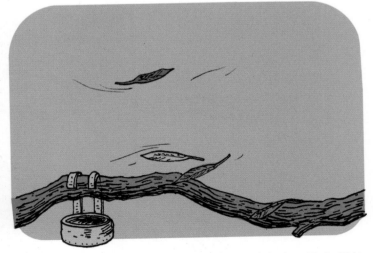

到今天，人们仍然记得简小姐和因卡斯，而它们就是世界上最后的两只卡罗来纳长尾鹦鹉。

卡罗来纳长尾鹦鹉

学名：*Conuropsis carolinensis*

体长：30~35 厘米
体重：280 克
分布：美国东南部
灭绝时间：1918 年

  与旅鸽相似，卡罗来纳长尾鹦鹉的命运也非常悲惨。在一个世纪的时间里，它们的数量从数百万只减少到几只，最终灭绝。导致它们灭绝的主要原因是人类的猎杀，因为它们喜欢在田地和果园中觅食，人们认为它们是害鸟，而猎杀这种动物又非常容易。卡罗来纳长尾鹦鹉有一个特殊的生活习性：不愿意抛弃同伴，如果一只鹦鹉被打中，它的同伴们都会围绕在它周围不愿离去，于是它们就都成了猎手的目标。

规律的生活作息
卡罗来纳长尾鹦鹉在日出和日落之际较为活跃，白天都在休息。

群居的鸟儿
卡罗来纳长尾鹦鹉喜爱群居生活，一般一个群体会有 100 到 1000 只鹦鹉。它们非常依赖同伴，难以忍受独居的生活。

缤纷夺目的羽毛
卡罗来纳长尾鹦鹉的羽毛和其他鹦鹉一样，非常鲜艳：头部为黄色和橙色，其余为鲜亮的绿色。

孤独乔治是谁?

　　1971年，一位科学家在加拉帕戈斯群岛的平塔岛上散步时，偶然撞见了一只体形巨大的雄龟。后来这只龟引起了人们的广泛关注，为它取名"孤独乔治"。人们还希望能在岛上搜寻到它的同伴，遗憾的是，它确实是唯一的一只。

　　很快，孤独乔治成为国际知名的大明星。它是唯一的平塔岛象龟，在世界上也是独一无二的。科学家们将它介绍给全世界，并坚持应该迅速行动起来，保护岛上的环境，拯救生活在那里的动物。

　　为了不让乔治成为最后一只平塔岛象龟，科学家们决定把其他龟带到岛上。他们找来一些美丽又友善的雌龟，但乔治独居太久了，对它们都没有兴趣。冷漠相处了34年后，乔治终于让步，和它们交配了。如果乔治当了爸爸，这个种群就有希望延续下去了……

平塔岛象龟

学名：*Chelonoidis abingdonii*

体长：1.2 米
体重：90 千克
分布：平塔岛
灭绝时间：可能灭绝

　　乔治是加拉帕戈斯群岛的一只平塔岛象龟。加拉帕戈斯群岛不同小岛上的象龟有多个亚种，它们各有特点。在 16 世纪加拉帕戈斯群岛被发现以前，这些象龟平静地生活在那里。在人类到来之后，它们遭到了猎杀；人们带来的山羊等外来物种也会抢夺它们的食物。它们的数量急剧减少，部分亚种灭绝，如乔治所属的那支。现在，人们高度关注仅剩的几个亚种，但它们也已经濒临灭绝。

小心它的嘴！
乔治虽然没有牙，但嘴巴非常有力，能咬断蔬菜和水果（它的主要食物）。

长寿动物
乔治去世时大约 90 岁，那时它身体依然健康。对于加拉帕戈斯象龟而言，它的年纪不算大。它的表兄哈里特活到了 176 岁！

保护壳
乔治和它在其他岛上的表亲一样，有一个甲板组成的坚固龟壳。遇到危险时，它会马上把头和脖子缩进去。

非 洲

非洲包括北起阿特拉斯山脉，南至南非顶端的非洲大陆，以及马达加斯加岛在内的印度洋岛屿。

印度洋中有3000多座岛屿，大部分很晚才被发现。16世纪起，随着西方人的到来，这里的许多物种陆续灭绝了，包括毛里求斯岛上的**渡渡鸟**和马达加斯加岛上的**象鸟**。

现在，非洲还有很多物种正面临着灭绝的危险，比如大象、狮子、大猩猩，等等。虽然人们已经认识到这些动物危险的处境，却还在继续猎杀它们。

森林里还有怪兽出没吗？

　　马达加斯加岛是一座传奇的岛。传说，马达加斯加森林中有各种怪兽和神奇动物。比如，长着人脸的巨型狐猴奇洛奇，皮毛呈条纹状、拥有魔法的小型哺乳动物波奇波奇。

　　不过，最令马达加斯加人感到害怕的是另一种怪物。它们只喜欢晚上出来活动，个头和牛差不多大，皮肤颜色很深，巨大的嘴巴里长着大大的牙齿，经常发出标志性的低吼。马达加斯加人称它为奇罗皮罗皮索菲，都怕被它吃掉。

　　经调查研究，人们发现这种怪兽并没有那么危险，一些证据显示它们具有……侏儒河马的特征。考古研究证实，侏儒河马很久很久以前已经在马达加斯加岛灭绝了。也许，马达加斯加人只是害怕他们想象中的怪兽吧。

马达加斯加侏儒河马

学名：*Hippopotamus lemerlei*

马达加斯加侏儒河马似乎很久以前就已经灭绝了。不过目前发现，它们距今 500 年左右的时候可能还存在世上。有人认为，它们从我们的视野中消失之后，在一些更偏僻的地区生存了下来。在马达加斯加的许多故事和传奇中，都能发现这种动物的身影，怪兽奇罗皮罗皮索菲的原型就是它。故事中的这种怪兽仍在马达加斯加森林中出没呢！

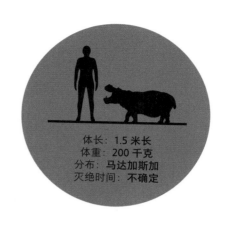

体长：1.5 米长
体重：200 千克
分布：马达加斯加
灭绝时间：不确定

夜晚出没的美食家

马达加斯加侏儒河马是植食性动物。为了躲开白天的炎热，它们晚上才出来觅食。等到日出时分，它们又回到凉爽的水和泥巴里。

河马家族

马达加斯加侏儒河马不是唯一灭绝的河马物种。与它们体形大小相似的塞浦路斯侏儒河马、克里特侏儒河马等，曾生活在地中海的岛屿上，它们大约在 1 万年前也已经灭绝。但它们的远亲——倭河马如今依然活跃在西非。

巨鸟是理想的交通工具吗？

水手辛巴达是一个著名的冒险家，阿拉伯民间传说《一千零一夜》中讲述了他的冒险故事。辛巴达第二次出海时，被孤零零地遗落在荒岛上。

绝望中，辛巴达发现远处有一个奇怪的白色物体。他走近仔细观察，发现这个巨大的白色物体没有任何裂痕。他从没见过这样的东西。

突然，天空暗了下来。辛巴达抬起头，发现一只巨鸟朝着这边飞了过来。他这才明白，原来那个白色的大圆球是这只巨鸟的蛋。

辛巴达紧贴鸟蛋藏了起来。巨鸟落在了蛋的旁边。辛巴达想起水手们讲过的关于巨鸟的故事。难道真有这样的动物？

辛巴达身旁就是巨鸟，他决定好好利用这次机会，逃离荒岛。他解下头巾，把自己牢牢地绑在鸟腿上。很久之后，巨鸟终于再次起飞了。

巨鸟离开了荒岛，飞向高空，之后停在一个深深的山谷中。辛巴达小心地把自己从巨鸟腿上放下来。他惊讶地发现，地面上竟铺满了钻石！冒险之旅刚刚开始……

象鸟

学名: *Aepyornis sp.*

象鸟，也被称为隆鸟，它于17世纪灭绝。19世纪，人们发现了象鸟骨骼化石和象鸟蛋化石。许多人都认为，象鸟就是传说的马达加斯加巨鸟的原型。人们推测，象鸟庞大的体形给来到岛上的水手留下了深刻的印象，所以他们想象出了巨鸟带着人飞起来的故事！如今，我们已经知道这个故事不太可能是真的了：象鸟是一种平胸鸟，和鸵鸟类似，不能飞行。

身高：3米
体重：500千克
分布：马达加斯加
灭绝时间：17世纪初

跑步健将

象鸟的翅膀又短又小，无法飞行。但它长着三根脚趾的腿强壮有力，善于奔跑。

沃拉帕特拉的传说

直至19世纪，还有一些传说提到，有一种叫沃拉帕特拉的巨鸟生活在马达加斯加的沼泽中。人们今天认为，根据传说中的描述，沃拉帕特拉很有可能是象鸟。也许象鸟在那里生活的时间比我们认为得更久。

巨大的蛋！

虽然象鸟的蛋没有辛巴达冒险故事中描述的那么大，但尺寸依然惊人：大概有100枚鸡蛋加在一起那么大！

倒霉的伊托沃怎么变成了巨狐猴?

马达加斯加人和狐猴之间的关系非常特别。根据当地传说，有些狐猴是很久以前由人类变化而成的。

伊托沃的故事解释了人类变成狐猴的原因。伊托沃是个普通的农民，他娶了一个富有但脾气暴躁的妻子。

村里的巫师为伊托沃制定了一条禁律：任何情况下，都不能和妻子同时碰家里盛米饭的木勺。

平安无事的几个月过去了。伊托沃妻子暴躁的脾气渐渐显露，他们开始争吵。一次争吵时，妻子用大木勺敲了伊托沃的头。

伊托沃无法阻止打破巫师禁律的恶果。他慢慢变成了一只大狐猴，躲进森林里，再也没有回来。

人们认为伊托沃变的狐猴对女人怀恨在心。因此，当见到妇女从森林里经过时，狐猴总要掐她们一下。

古原狐猴

学名：*Palaeopropithecus sp.*

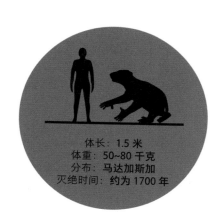

体长：1.5 米
体重：50~80 千克
分布：马达加斯加
灭绝时间：约为 1700 年

古原狐猴、巨狐猴和古大狐猴等大型狐猴在人类来到马达加斯加岛后不久都灭绝了。人们围绕它们创作了很多故事，其中不少都描述它们是由人变化而来的。这些动物的动作、灵活的"手指"，甚至面部特征和表情，都与人类极为相似，令马达加斯加人怀疑它们也会像人类一样思考。现在依然存活的狐猴是这些大狐猴的近亲，它们在马达加斯加的神话故事里也占有一席之地，有些甚至被认为是神圣的动物。

奇怪的名字

马达加斯加人给古原狐猴起的名字很特别：特拉特拉特拉特拉或特列特列特列特列。

与人类互不信任

古原狐猴是独居动物，马达加斯加人害怕它们。同时古原狐猴也不信任人类，遇到人类就立刻逃走。

谁拯救了大颅榄树？

在距离马达加斯加不远的毛里求斯岛上，有一种特有的植物——大颅榄树。它的根系发达，深深地扎在泥土中，树干粗大，非常强壮。

20世纪70年代，人们发现仅剩的几棵大颅榄树都超过300岁了，再找不到比它们年轻的树木。这种树已经停止繁衍，正在消失。

一位学者提出一种观点：这种树的逐渐减少似乎与一种鸟的灭绝有关，那就是大约在17世纪末灭绝的渡渡鸟。

真是令人惊叹的关联！原来，渡渡鸟吃下大颅榄树的果实后，消化掉果肉和又厚又硬的外壳，将种子排泄出去。这样大颅榄树种子才能发芽，大树才能繁衍下去。

为了拯救大颅榄树，人们想到用有相似消化能力的火鸡来代替渡渡鸟"工作"，结果证明这种方法是对的，大颅榄树的种子发芽了。

虽然大颅榄树和渡渡鸟之间的共生理论尚有争议，却成为一个常被讨论的话题。它让我们更好地了解不同物种之间的联系，以及人类在这种关系中起到的作用……

渡渡鸟

学名：*Raphus cucullatus*

体长：80 厘米
体重：20 千克
分布：毛里求斯岛
灭绝时间：早于 1700 年

渡渡鸟，又名愚鸠，不会飞，长得有点像鸽子，是一种善于行走的鸟。欧洲人登上毛里求斯岛之前，这种怪鸟在岛上没有任何天敌。它们体形巨大，移动起来很笨拙，成为人类非常容易捕获的猎物。荷兰人捕猎渡渡鸟主要是为了吃肉，而他们带来的外来动物——猫、山羊、狗和猪等，在野外干扰了渡渡鸟的生存环境，再加上老鼠也会偷吃渡渡鸟的蛋。种种因素导致它们的数量急剧减少，最终在 1680 年左右灭绝。

灭绝动物中的大明星

19 世纪，渡渡鸟还是一种奇怪而古老的动物，人们几乎没有关于它们的任何资料。作家刘易斯·卡罗尔在小说《爱丽丝漫游奇境》中设置了一个渡渡鸟角色，让它们变得大受欢迎。现在渡渡鸟成了大明星，很多人认为它们是想象出来的动物，但它们确实是真实存在过的。

好玩的名字

渡渡鸟的名字源于葡萄牙语单词"doido"，意思是"疯狂的"或者"蠢笨的"。在荷兰语中，它的名字的意思是"懒惰的"；在法语中，它的名字被用在"睡觉"这个词组中。

金字塔式的鸟巢

渡渡鸟筑巢的方式非常独特，它们会用棕榈树叶直接在地上搭建一种金字塔式的巢穴。

亚洲和欧洲

　　亚欧大陆是北半球一块面积非常大的大陆。它西临大西洋，北临北冰洋，南边有地中海和印度洋，东边是太平洋。

　　许多已经灭绝的物种曾生活在地中海的一些小岛上，其中一些动物曾出现在古希腊和古罗马的神话中。

20 世纪，亚欧大陆的工业化进程加快，造成自然环境的污染加剧，野生动物的栖息地面积缩小，许多动植物的生存受到威胁。在亚洲，近些年消失的**巴厘虎**和**白鱀豚**是最著名的灭绝动物。

谁赢得了"世界最大鹿角比赛"的冠军？

鹿科动物家族在世界各地都有分布。它们中的大多数头上都长着一种骨质器官——鹿角。

通常只有雄鹿会长角。鹿角的主要功能是美观，吸引雌鹿的注意。和其他动物的角不同，鹿角每年都会周期性脱落，再长出新的。

鹿科动物种类繁多，不同种的鹿，鹿角的形状和大小差异也很大。南美洲的普度鹿是个头最小的鹿，它们的角又短又尖。

它们的表亲——西方狍，个头比它们稍大一点，鹿角也很短。马鹿则属于大型鹿，它们的角漂亮多了。

高大的驯鹿（第二格漫画里的动物）生活在欧洲和美洲北部，它们的鹿角细长，精巧美丽。驼鹿是现今世界上最大的鹿科动物，它们扁平的掌形鹿角很有特点。

不过，没有哪种鹿的角能比得上大角鹿，它们的巨型鹿角左右宽度可接近 4 米！毫无疑问，大角鹿一定会赢得"世界最大鹿角比赛"的冠军！

大角鹿

学名：*Megaloceros giganteus*

肩高：2 米
体重：500~700 千克
分布：欧洲和亚洲
灭绝时间：约 7700 年前

大角鹿也被称为鹿王，曾是地球上体形最大的鹿科动物之一。它们生活在欧洲和亚洲北部潮湿寒冷的平原地区。过去很长的时间里，人们普遍认为它们的灭绝是因其体形和巨型鹿角不匹配。事实上，在大约 1.5 万年前，由于气候变化，它们生活的地区出现了大片森林，这让它们行动十分不便，它们因此成为穴狮、尼安德特人，以及我们的祖先——智人等猎食者很容易就能捕获的猎物。

笨重的鹿角

最大的大角鹿的角左右宽度接近 4 米，重量约 45 千克。同驼鹿等其他鹿科动物一样，大角鹿的鹿角也会每年脱落，再长出来。

爱尔兰麋鹿?

大角鹿又被称为爱尔兰麋鹿，因为许多大角鹿的化石都是在爱尔兰的泥炭层中发现的（这里多湿地沼泽，所以形成了泥炭层）。通过研究这些化石，人们才对大角鹿有了更多的了解。

最后的幸存者

前些年，苏格兰附近一个岛上挖掘出了一些大角鹿的化石碎片。因此科学家认为，有一小群大角鹿曾经在这个较为偏僻的地方，比其他同类存活了更长时间。

西伯利亚最大的宝藏是什么？

西伯利亚位于俄罗斯北部，由于气候非常寒冷，这里保存了数目难以估量的"无价之宝"。1997年，在几位猎人的指引下，科学家们出发去寻找宝藏。

到达指定的地点后，科学家们发现了两根巨大、完整的猛犸象牙。随后深入挖掘的成果远远超过了他们的预期：这两根大长牙竟然属于一只生活在2万年前的动物，而它的身体还保存得很完整。

在接下来的几个月里，科学家们小心地把它一点点挖出来。之后，世界上最大的直升机把这个大家伙和包裹着它的"冰棺"一起运到了实验室。科学家们把它慢慢解冻，进行了仔细的研究。

猛犸

学名：*Mammuthus primigenius*

猛犸是一种非常古老的动物。它们曾度过了几次气候变化时期，能够通过改变身体毛发的长度适应一定幅度的气温变化。尽管这样，在公元前 15000 年，地球气候迅速变暖，猛犸生活的大草原变成了长满冷杉树的森林。猛犸以草为食，它们的饮食习惯没能跟随环境改变，因此数量迅速减少。也有一些学者认为，人类的捕猎也是猛犸灭绝的重要原因。

肩高：4 米
体重：6~10 吨
分布：西伯利亚
灭绝时间：1 万年前

女性首领
猛犸的生活方式极有可能和如今的大象一样，以"母系氏族"的方式组成族群。最年长的母猛犸是这一群体的首领。

象牙的作用
猛犸的牙又弯又长，在战斗和求偶中都非常重要，也是它们重要的取食工具。

身披长毛
猛犸也被称为长毛象，因为它们的毛发非常浓密，在冬天长度可达 90 厘米。这对抵御西伯利亚地区冬天的严寒非常重要。

赫拉克勒斯真的把欧洲狮的皮披在身上吗？

有一个关于狮子的传说。很久以前，一头巨狮住进了希腊尼米亚古城附近的森林。当地的人和动物都很害怕这头狮子。

古希腊英雄赫拉克勒斯有12项必须完成的任务，其中第一项就是要除掉这头狮子。于是，赫拉克勒斯来到了这片森林，寻找巨狮。

终于，赫拉克勒斯找到了这头巨狮。他拿出致命的弓箭想射死它，但狮子的皮很厚，射过去的箭都被弹开了。

赫拉克勒斯没有慌乱，他一声怒吼，挥舞着木棒向狮子冲了过去。接着，他用木棒猛击狮子的脑袋。

随着木棒的碎裂，狮子昏了过去。赫拉克勒斯趁机抓住狮子，用尽力气掐住这只猛兽的脖子。

赫拉克勒斯为了证明自己完成了这项艰难的任务，剥下了巨狮的皮，披在身上。从此狮皮成了他最坚固的铠甲。

欧洲狮

学名: *Panthera leo europaea*

肩高: 1.2 米
体重: 200 千克
分布: 地中海地区
灭绝时间: 约 100 年

　　欧洲狮生活在古代世界的欧洲，是狮的亚种之一。有很多传说和故事都与它们有关，如赫拉克勒斯大战尼米亚巨狮的故事。它们灭绝的主要原因是古希腊和古罗马的文明在地中海地区的扩张和发展——也许是因为欧洲狮攻击家畜，被人类猎杀；也许是因为它们被当成宗教仪式的祭品；也许是因为盛行一时的斗兽表演，它们和许多猫科动物一样在表演中惨死。显然，这些因素都使得这个物种的处境更加危险。

发型简约

欧洲狮与非洲狮的外貌特征相比，最大的不同是它们的鬃毛没那么浓密。

以森林为家

与居住在萨瓦纳（萨瓦纳，意为"稀树草原"。位于干旱季节较长的热带地区，以旱生草本植物为主，星散分布着旱生乔木、灌木的植被。——编者注）的非洲狮亚种不同，欧洲狮住在森林里。

阿特拉斯山里的表亲

欧洲狮还有一位表亲巴巴里狮，住在阿特拉斯地区。虽然巴巴里狮已经灭绝，但它们并没有完全消失，几十只拥有一些巴巴里狮血统的狮子仍生活在世界上。

独眼巨人和欧洲矮象有什么关系？

意大利南部的西西里岛是一片神奇的土地。希腊传说中，火神赫菲斯托斯的铁匠铺就在岛上的埃特纳火山下，太阳神赫利俄斯放羊的地方也是这里。

岛上还有许多可怕的生物，比如前额长着一只眼睛的独眼巨人。他们看起来和普通的牧羊人差不多，实际上，他们是可怕的吃人怪物。

希腊英雄奥德修斯冒险的时候遇到了独眼巨人，他对这些野蛮的巨人很好奇。一个叫波吕斐摩斯的独眼巨人把奥德修斯和他的同伴一起关了起来。

不过，智慧的奥德修斯凭借计谋逃脱了。当他们被关在洞穴中时，奥德修斯伺机灌醉了独眼巨人，刺瞎了他的眼睛，和同伴藏在山羊肚子下逃了出来。

希腊神话和罗马神话中的独眼巨人是从哪儿来的呢？19世纪，科学家在西西里岛上发现了一些颅骨，也许它们就是传说的源头。

这些颅骨属于很久以前生活在岛上的欧洲矮象。颅骨的鼻腔位置，像是曾经长着一只巨大的眼睛。神话中的独眼巨人，很可能是人看到欧洲矮象的颅骨产生的想象。

欧洲矮象

学名：*Elephas falconeri*

肩高：60 厘米
体重：250 千克
分布：西西里岛
灭绝时间：约 1 万年前

　　一万两千年前，地中海的西西里岛、马耳他岛、撒丁岛、塞浦路斯岛、克里特岛等大多数岛屿上都生活着矮象。它们可能来自欧洲，在冰期海平面下降时，经由浮现的陆地来到这些小岛。这些岛上虽然没有它们的天敌，但食物的数量十分有限，因此它们进化得越来越矮小。它们来自欧洲的祖先肩高可能大约为 3 米，但这些岛上的矮象肩高不足 1 米。传说，西西里岛的**欧洲矮象**存活的时间最长，一直到了罗马帝国时期。

地中海的侏儒动物

西西里岛上的欧洲矮象不是地中海岛屿上唯一侏儒化的动物。其他侏儒化的动物，也都在这些岛上平静地生存了一段时间之后灭绝了。如：克里特侏儒大角鹿、塞浦路斯侏儒河马等。

没有天敌

为什么这些岛上有这么多动物都会侏儒化呢？因为较大的体形有助于对抗潜在的敌人，而在缺乏天敌的情况下，生物的体形会进化得更矮小。另外，岛上的食物数量有限，也会使生物的身高和体形向侏儒化发展。

不可征服的原牛到底是什么动物？

人类很早就发现了原牛。这种野生动物经常出现在洞穴壁画中，比如法国的拉斯科洞窟壁画中就有它们的身影。在这些史前壁画里，原牛体形巨大，令人惊叹。而它们的体形和力量也让当时的猎手们着迷。

随后，有人开始专门捕猎原牛，并试着驯养。这种驯化大约开始于公元前 8000 年的地中海东部沿岸地区和印度，之后渐渐扩展到欧洲和亚洲的其他地区。今天所有的家牛（欧洲牛和印度瘤牛）都有一个共同的祖先——原牛。

不过，并非所有的原牛都被驯化了。一些顽强抵抗驯养的原牛仍保持着野生状态，但它们原先的领地不断缩小。到罗马时代，在欧洲已经找不到它们的身影了。它们被人类猎杀，赖以为生的森林面积不断缩小。最后一头原牛于 1627 年在波兰死亡。

原 牛

学名：*Bos primigenius*

原牛可以根据其地理起源分为三个不同的亚种：分布于欧洲和中东地区的原始原牛、分布于非洲北部的非洲原牛和分布于印度的纳玛原牛。原始原牛直到中世纪都生活在欧洲的大森林里，受到狼和人类捕食的威胁。随着人类捕猎活动不断增加，森林面积不断缩小，原牛最终走向灭绝。

肩高：2 米
体重：1 吨以上
分布：欧亚大陆
灭绝时间：1627 年

巨型的牛
原牛和普通家养的牛长得很像，但体形要大得多，身上的毛也比较长。

原牛的角
原牛的角很有特色：向前弯曲，角尖指向天空。雄性原牛的角长达 1 米，在它们战斗时是非常可怕的武器。

饮食习惯
和现在的牛一样，原牛也喜欢吃草，不过它们也吃树叶，偶尔还会吃橡子。

为什么巨儒艮没有被人类发现也许更好？

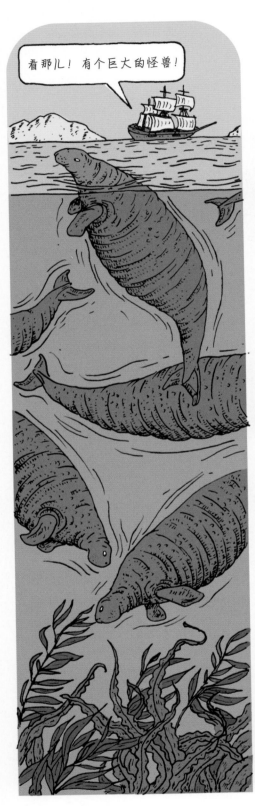

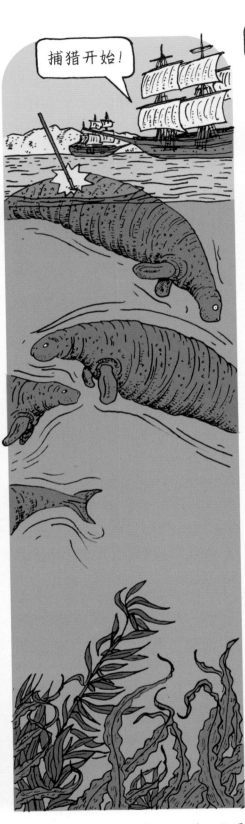

1741年，博物学家乔治·斯特拉随同俄罗斯探险家维图斯·白令去往白令海峡考察。在这次远航中，他发现了一种巨大的海牛，一种奇怪的、从未被人知晓的动物——巨儒艮。

巨儒艮产的奶非常美味，肉的品质也很好。人们猎杀它们还能获取油脂。旅程结束后，斯特拉发现这种动物的消息被传播开来，激起了人们的贪婪之心。从那一刻起，形形色色的猎人和水手都踏上了捕杀巨儒艮之路。

巨儒艮性情温和，动作迟缓。它们的灭绝速度创造了纪录——仅仅在被发现后不到30年的时间里，这个物种就灭绝了。虽然后来也有人声称见到了活的巨儒艮，却拿不出确切的证据。

巨儒艮

学名：*Hydrodamalis gigas*

体长：8 米
体重：6000 千克
分布：北太平洋
灭绝时间：1768 年

　　1 万年前，巨儒艮——一种体形巨大的水生哺乳动物生活在北太平洋，从日本海直到阿拉斯加海湾都有它们的身影。18 世纪，人们发现巨儒艮时，它的生活范围已经很小，仅在那时人类还难以接近的白令海峡附近一片区域。之后，那里发现的约 2000 头巨儒艮也遭到了人类不加节制的猎杀。没过多久，这一物种就以极快的速度灭绝了。

浑身皱巴巴

巨儒艮的皮肤非常厚，上面有很多皱褶。

水生的哺乳动物

巨儒艮没有牙齿，嘴巴里只有两片很大的片状角质用于咀嚼，帮助它们磨碎吃进去的藻类。

大号海牛

巨儒艮是群居动物，大部分时间都在吃藻类。它们的发现者斯特拉最开始称它们为大海牛。

老虎会灭绝吗？

在亚洲，猎虎是一项非常古老的传统活动。人们认为，与一头凶猛的野兽较量并把它杀掉是一种勇敢的行为。在印度，猎虎是印度王室最喜欢的活动，他们会骑着马或大象，组织大型围猎活动。

19世纪，欧洲殖民者来到这里。他们带来了使用火药的新武器——热兵器，传统的狩猎从此变成了屠杀。到了20世纪，这种屠杀变得更加疯狂，最终导致巴厘岛和爪哇岛上的老虎走向灭绝。

一个世纪的时间里，全球野生老虎的数量从10万只减少到不到4000只。尽管近几十年来人们制定了多项法律保护它们，但老虎仍处于灭绝的边缘。森林不断退化，老虎的生活范围越来越小。此外，为了获取虎皮和被当作药材的老虎器官，偷猎者仍在持续捕杀它们。

巴厘虎

学名：*Panthera tigris balica*

　　虎共有九个亚种，其中的三个亚种现在已经灭绝，巴厘虎就是其中之一。巴厘虎居住在印度尼西亚巴厘岛上的森林里，造成它们灭绝的主要原因是生存环境被破坏和人类的狩猎活动。巴厘岛的原住民很少捕虎，因为他们认为老虎象征着力量，也象征着厄运。然而，19 世纪到 20 世纪的时间里，欧洲殖民者来到巴厘岛，开始捕虎。巴厘虎的数量因此急剧减少，最终于 1937 年灭绝。这些人只是通过杀死一只猛兽为自己赢得荣耀，而无辜的动物被夺走的却是生命！

体长：2 米
体重：90 千克
分布：巴厘岛
灭绝时间：1937 年

白鱀豚灭绝了吗？

2006年，来自中国、美国、英国、日本、德国、瑞士6个国家的30多名科学家决定一起沿着长江逆流而上，寻找白鱀豚的踪迹。这个物种已经濒临灭绝，很多年来都没有人再发现过白鱀豚的踪影。

我们乘着两艘船，携带着最先进的设备，对水下进行声学监测，沿着长江搜索了数公里又数公里。这是我们最后的机会了——如果找到白鱀豚，我们要把它带到保护区的水域中去。

长江，是世界上第三长的河流，它贯穿了中国的一大半地区。在这次长途考察中，我们慢慢了解到，长江的河运交通和工业污染对这个独特物种的生存造成了威胁。

考察接近尾声，我们得出了结论：白鱀豚已经灭绝了。这让整个考察团队都感到悲伤和无助。如果早几年进行这次考察，是不是就能拯救几只白鱀豚的生命，从而拯救这个物种呢？（2018年，曾有人拍到了疑似白鱀豚的生物。白鱀豚的濒危情况已经调整为可能灭绝。——编者注）

白鱀豚

学名：*Lipotes vexillifer*

体长：1.5 米
体重：200 千克以上
分布：中国
灭绝时间：可能灭绝

世界上共有五种淡水豚。它们并不生活在大海中，其中有两种生活在南美洲，三种生活在亚洲。亚洲淡水豚——白鱀豚，曾经一直生活在中国的长江中，现在可能已经灭绝了。一直以来我们都很喜爱白鱀豚，还为它们编织了许多美好的传说。在一些传说中，白鱀豚原本是一位公主，因为拒绝接受违背心意的婚姻，被父亲推进河中，摇身一变化身为白鱀豚。然而，由于人类的社会活动与日渐严重的污染情况，长江的"公主"白鱀豚最终没能逃脱灭绝的危险。

视力微弱

白鱀豚头部两侧长着一对小眼睛，但视力却非常差。事实上，它们并不依赖眼睛来辨别周围的环境，而是通过声呐。

强大的声呐

白鱀豚有一套声呐系统，它们会先发出声音，再根据声音遇到障碍物时返回的声波判断障碍物的位置，决定行动的方向。

长长的嘴巴

一些水生的哺乳动物，如某些鲸、淡水海豚等，都有一个长长的、向前伸的吻部。白鱀豚的嘴里还长着牙齿，利于它们捕食猎物。

大洋洲

　　大洋洲包括澳大利亚、新西兰、新几内亚岛，以及美拉尼西亚、密克罗尼西亚、波利尼西亚三大岛群。

　　澳大利亚是一片孤立而广阔的大陆，生活在那里的动物都非常独特，例如史前有袋类动物**巨长吻针鼹和豚足袋狸**。现在这些动物很多都灭绝了，这一切都和人类活动是无法分割的。

　　大洋洲东部的新西兰主岛在很长时间里都不为人类所知。有一些传说记录了人类最早自北方来到这里的故事，其中还有两种曾在这里生活的动物的痕迹。它们就是**恐鸟和哈斯特鹰**。

澳大利亚有哪些大家伙？

很久以前，人类来到一片广袤而原始的大陆。那时那片孤立的土地正被一些奇怪的动物占领着。那片大陆就是现在的澳大利亚。

那些奇怪的动物中，有一些动物的样子我们很熟悉。比如巨型短面袋鼠，它们的外形特征与现在的袋鼠相似，但高度达到了2米。

曾经生活在这里的巨长吻针鼹比现在的针鼹要大上三四倍。不过，它们之间还是有很多相似之处。

双门齿兽的体形与犀牛差不多。而它令人印象深刻的不仅是巨大的体形，还有肥胖的体格。它也是有史以来最大的有袋类动物。

想象一下，最早来到这里的人们看到古巨蜥会多么惊恐。它们的身体足足有8米长，是一种陆栖肉食性动物。

各种肉食动物生活在这里，让这片未知的土地充满了危险。尽管这里的袋狮和袋狼体形和其他巨型动物比要小得多，但它们的凶猛程度毫不逊色。

巨长吻针鼹

学名: *Zaglossus hacketti*

巨长吻针鼹属于巨型动物。4 万年前，人类还未踏上澳大利亚大陆时，它们是这片土地的主人。之后，随着气候变化，这种动物逐渐灭绝了。据科学家估计，许多巨型动物都灭绝于 1.5 万年前。它们的灭绝并没有让人们感到意外：自从人类抵达这里，捕猎活动就从未停止，还有人曾纵火破坏它们的家园。

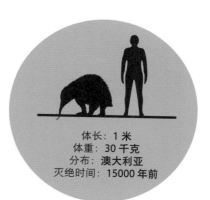

体长: 1 米
体重: 30 千克
分布: 澳大利亚
灭绝时间: 15000 年前

什么是单孔目动物？
针鼹以其独特的体态而闻名。它们和鸭嘴兽一样，都是单孔目动物。这类动物是会卵生的哺乳动物，它们同时具有卵生动物（会产卵）和哺乳动物（给幼崽哺乳）的特征。

巨型刺猬
巨长吻针鼹和刺猬的外形类似，但它们的吻部更长，有黏黏的舌头，可以用来捕食昆虫。它们的体形很大，大概和羊差不多。

勇士鲁鲁怎样打败了传说中的巨鸟普卡？

普卡是毛利人传说中的一种巨鸟。传说它居住在新西兰南岛的一座山的山顶上。

巨鸟会在自己的巢穴中寻找、观察猎物。巨大的体形和闪电般的速度使它成为岛上独一无二的霸主。

据说，它爱吃恐鸟，也喜欢把人类抓来饱餐一顿。

有个著名的猎鸟人叫鲁鲁，他决定要征服这只鸟。但巨鸟实在太强大了，人类想与它正面对抗是不可能的，于是鲁鲁准备了一个陷阱。

鲁鲁和五个同伴一起制作了一张大网，安置在山下的湖水中。之后，由鲁鲁作为诱饵吸引普卡的注意，其他同伴都躲了起来。

巨鸟中计了。它飞下来攻击鲁鲁时，锋利的爪子缠在了网上，无法伤人。所有人一起将巨鸟拖进了水中，很容易就把它杀死了。巨鸟普卡的原型就是哈斯特鹰。

哈斯特鹰

学名：*Harpagornis moorei*

体长：**1.5 米**
体重：**15 千克**
分布：**新西兰**
灭绝时间：**约 1500 年**

　　500 多年前，一种双翼打开可达 3 米的巨鹰——哈斯特鹰，统治着新西兰岛上的森林。科学家们证实，这种猛禽的体形是在很短的时间里迅速增大的，因为在这里没有其他大型猎食者与其竞争，有充足的大型猎物供它们享用。人们说它们是由小鹰变大的鹰。它的体形如此巨大，已经达到了飞行的极限。一些专家认为，它们的灭绝和人类关系并不紧密，而是因为它们的主要食物——恐鸟的数量变得越来越少。

可怕的捕食者

哈斯特鹰是一种生活在森林中的鸟，它们常栖息在高高的树上。当看到猎物时，哈斯特鹰会以超过 80 千米／时的速度猛扑过去，在猎物没反应过来的时候，就用利爪把它们杀死。

虎爪一般的利爪

哈斯特鹰的体形比我们现在能见到的鹰都要大，它们的双腿非常强壮，还长着像虎爪一样大的利爪。

"恐鸟杀手"是谁？

新西兰是澳大利亚旁边的一个国家。它的历史不长，从人类划着独木舟来到这里，到现在也不到1200年的时间。波利尼西亚人从附近的岛屿来到这片未知的土地，后来他们被称为毛利人。

那时，这片大陆主要的居民是鸟类，其中有的鸟体形巨大，如恐鸟。它们不会飞，身高可达3米。通过猎食这种巨型鸟类，移居此地的人类过上了食物充足的生活。

那时，恐鸟是毛利人主要的食物来源。它们的肉质鲜美，蛋也非常可口，骨骼可以用来制作工具，羽毛可以做衣服的装饰，这对岛上第一批原住民来说太重要了。因此，历史学家把毛利人称为"恐鸟杀手"。

恐 鸟

学名：*Dinornis sp.*

恐鸟的两个亚种几千年来都生活在新西兰的两个岛上。它们的身高可达 3 米，是真正的长着羽毛的怪兽。恐鸟在毛利人的大肆猎杀下，大约于 3 个世纪前灭绝。"恐鸟杀手"们用破坏性的手段烧毁了它们赖以生存的森林。恐鸟曾经唯一的捕食者是哈斯特鹰，最终败给了残酷而充满破坏性的对手——人类。

体高：3 米
体重：250 千克
分布：新西兰
灭绝时间：约 1700 年

素食主义者

恐鸟以树叶、小树枝和植物果实为食。它们有长长的脖子，可以吃到其他动物够不着的植物。

走路健将

和鸵鸟一样，恐鸟是不会飞却善于行走的鸟类。它们没有翅膀，但有两条强壮有力的大长腿和吓人的利爪。

有史以来的最大鸟类

如今，世界上最大的鸟是鸵鸟。不过 3 个世纪之前，恐鸟才是这项纪录的保持者。

袋狼到底是什么动物？

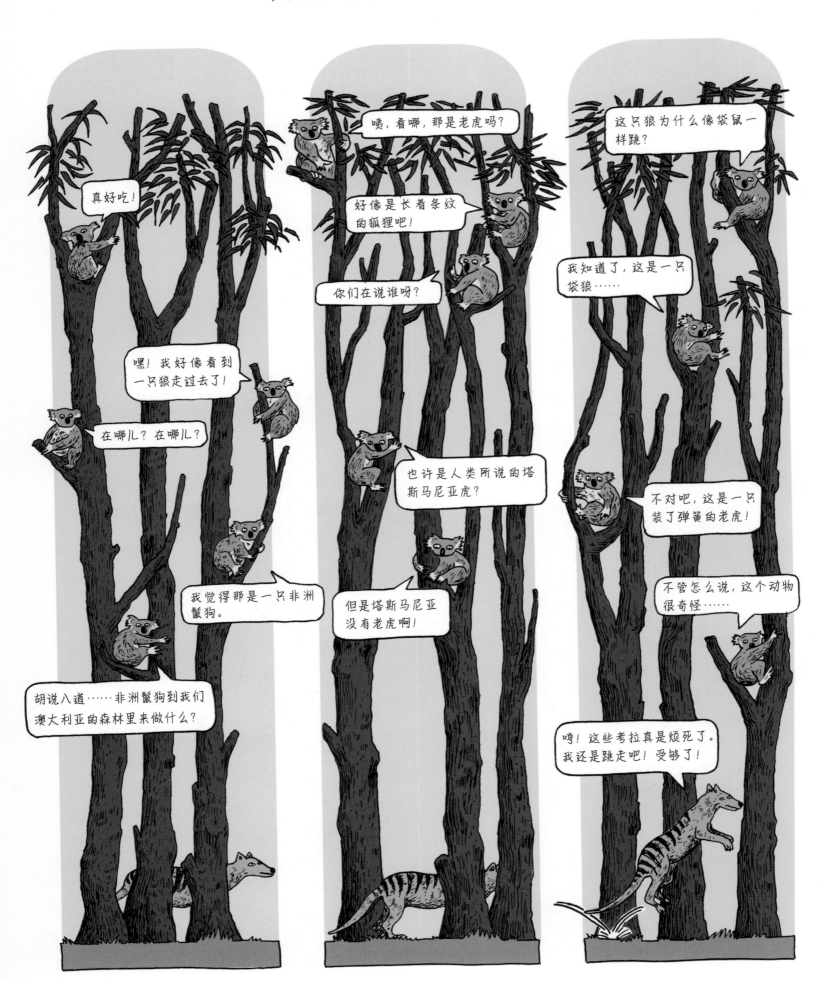

袋 狼

学名：*Thylacinus cynocephalus*

体长：1.5 米
体重：30 千克
分布：澳大利亚本土、新
几内亚岛、塔斯马尼亚岛
灭绝时间：1936 年

很久以前，袋狼生活在澳大利亚本土、塔斯马尼亚岛和新几内亚岛上。人类来到澳大利亚大陆后，这里的袋狼很快就消失了；而新几内亚岛上的袋狼在那之前已经消失了；至于塔斯马尼亚岛的袋狼，平静的生活也没能维持多久。19 世纪中期，英国殖民者来到这里，因为不能忍受袋狼攻击家畜，决定把它们彻底消灭。他们肆意捕杀袋狼，破坏它们的家园。虽然也有一些人曾努力想保护袋狼，但这一物种还是在 20 世纪 30 年代灭绝了。

有袋动物

虽然袋狼也被叫作塔斯马尼亚虎或狼，但它们既不是猫科动物，也不是犬科动物，而是有袋动物！它们像袋鼠一样，有一个育儿袋，用来抚育幼崽。袋狼宝宝会在里面住上几个月！

奇怪的袋狼

袋狼看起来很像棕红色的短毛犬，身上却长着像老虎一样的斑纹，还有一条袋鼠一样的尾巴。

惊人的跳高选手

袋狼不但跑不快，走路的样子还有些笨拙。但它们擅长跳跃，就像袋鼠一样。

谁想的坏主意，把外来动物带到澳大利亚？

澳大利亚本土、塔斯马尼亚岛和新几内亚岛上住着世界上绝无仅有的有袋动物。这些独特的动物在这里繁衍了几个世纪，进化出特别的身体构造。

18世纪，英国殖民者来到这里时，也带来了一些欧洲的动物，比如猫、狗、山羊、绵羊、兔子和狐狸。这些物种的出现破坏了澳大利亚的生态环境，一方面由于它们需要很多食物，破坏了当地的植被；另一方面，这些外来动物与当地动物形成了竞争关系。

澳大利亚的有袋动物是主要受害者。比如，猫和狐狸会捕食袋狸、小袋鼠等小型动物。另外，澳洲野犬（恢复野性的家犬）的数量增多也加速了袋狼的灭绝。

豚足袋狸

学名：*Chaeropus ecaudatus*

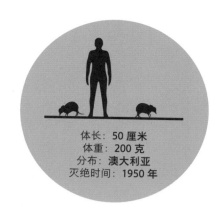

体长：50 厘米
体重：200 克
分布：澳大利亚
灭绝时间：1950 年

虽然我们仍不清楚豚足袋狸灭绝的确切原因，但人们认为 18 世纪欧洲人的到来确实和它们数量减少有着直接关联。也许正是欧洲人带来的外来物种，改变了当地的生态系统，造成了豚足袋狸的灭绝：兔子、老鼠抢夺了豚足袋狸的食物，狐狸和猫则成为它们的捕食者。

舒服的草窝
豚足袋狸喜欢夜间出来活动。白天它们会在小小的洞穴或自己用草搭建的窝中睡觉。

奔跑的袋狸！
关于它的奔跑速度，不同的学者有不同的观点：有人认为它们行动笨拙，像"一匹疲倦的老马"。也有人认为，在必要的时候，它们完全可以变成飞毛腿！

奇妙的混合体！
豚足袋狸身上有多个物种的特征：它们的身体和大老鼠相似，耳朵像兔子，腿细得像小羚羊的腿，蹄子又很像猪蹄！

名词解释

生物多样性

生物多样性是由在地球上生活的生物及各种各样的生态系统构成的。在不同时期，地球上的生物进化情况也不同。有的时期，地球上的生物非常多元；也有一些时期，大量物种灭绝，让位于后来的新物种。而在两者的过渡时期，物种的种类相对较少。当下，生物多样性又一次面临威胁，每年都有成千上万的物种灭绝。专家认为，由人类导致的大规模的物种灭绝正在发生。

气候变化

气候变化（如全球变暖或冰期）指的是地球上的气候发生持续性变化。这些变化会对生态系统产生影响，造成一些物种灭绝。大约1万年前，地球由大冰期进入间冰期，**猛犸**、**巨河狸**等物种就是在这个时期灭绝的。现在，气候变化又在影响生物多样性了。

物 种

物种指一群可以交配并繁衍后代的生物个体。同一物种生物在特定环境空间内和特定时间内的所有个体的集群就是种群。如果某个生物的种群由于分布在不同地区，进化出不同的特征，这个种群就称为某种生物的一个亚种。比如，虎这个物种就有九个亚种，它们在亚洲的不同地区生存进化，体形大小、体重和皮毛都有所区别。西伯利亚虎是其中体形最大的，非常耐寒，能够适应极端的气候条件。而已经灭绝的**巴厘虎**则体形最小，生活在岛屿上。

外来物种

外来物种，指的是由于人类活动进入一个生态系统的物种。当人类来到一片新的土地生活，他们携带的物种也会随之入侵这片土地。英国殖民者来到澳大利亚时，带来了一些欧洲的动物，如狐狸、狗和猫等。这些动物很快适应了新环境的生活，与当地原有物种形成了竞争关系，尤其是威胁到有袋类动物的生存，如**豚足袋狸**和**袋狼**等。

灭 绝

灭绝指的是一个物种完全消失：当某个物种的最后一个个体死亡时，我们说这个物种灭绝了。确定一个动物是不是该物种在野生环境中的最后一个个体很难，因此要确定灭绝的确切日期也是很难的，这就是人们往往很难确认一个物种是否灭绝的原因。如果某个物种的最后几只动物都生活在动物园中，那么当最后一只动物死亡，该物种就被宣布灭绝。**卡罗来纳长尾鹦鹉**的情况就是这样，世界上的最后两只卡罗来纳长尾鹦鹉——简小姐和因卡斯在动物园中死亡，宣告了这个物种的灭绝。

传 说

传说是古老的故事，一般是口头流传下来的，内容往往是关于讲述一个地方或一个非凡人物的传奇。有很多传说讲述了主人公遇到了想象中的动物并与之展开搏斗的故事。这些传说中的动物就可能源自某个已经灭绝的物种：比如，我们猜测巴西流传的玛平瓜里的故事就与**大地懒**有关，而马达加斯加的怪兽奇罗皮罗皮索菲的原型就是今天已经灭绝的**马达加斯加侏儒河马**。

岛屿侏儒化 / 岛屿巨型化

一个物种在进化过程中可能会变成"小不点"或"巨兽"。大多数时候，这种情况都发生在缺乏捕食者的某个岛屿上，因此我们称这种现象为岛屿侏儒化或岛屿巨型化。地中海周围就有一些动物在进化过程中发生了侏儒化，如西西里岛和马耳他的**欧洲矮象**，它们的祖先可能高达 3 米。

博物学家

16 世纪时，博物学家指的是博物学领域的专家，他们对植物学、矿物学、动物学等学科领域都有研究。到了 18 世纪，负责在科学考察过程中收集自然标本的人也被称为博物学家。现在，博物学家指自然科学学者。博物学家发现并整理了关于很多动物物种的信息。奥杜邦和达尔文都是博物学家，他们记录了许多现在已经灭绝的动物。幸亏有他们的笔记和绘画，我们才能获得这些动物资料。

有害生物

有害生物指的是会对人类的生活产生负面影响，甚至产生危害的生物。这些动物通常会破坏、偷食农作物或捕食家畜，对农业、畜牧业造成威胁。一些动物的灭绝就是因为人们认定它们有害：比如**旅鸽**、**卡罗来纳长尾鹦鹉**以及**福克兰狐**。还有一些曾经被判断为有害动物的物种，在濒危状态下被人类拯救，成了保护动物，人们甚至努力让它们重归自然。

古生物学

曾在地球上生活的各种生物都留下了各自的生存痕迹，古生物学就是寻找并研究古生物留下的生存痕迹的学科。化石，即保存在岩石中的动植物的遗体、遗迹。古生物学家通过研究化石，可以了解动物的生活方式、饮食习惯及繁衍后代的方式。古生物学家阿梅吉诺在南美洲的发掘工作，就发现了许多已经灭绝的动物，例如**雕齿兽**。

领地

指的是动物个体或其群体生活和觅食的地方。除了迁徙动物以外，动物的体形越大，需要的领地就越大。一直以来，动物的领地都小于人类的生活区域，并且由于城市化的发展、公路、铁路、大坝、电线等设施的建设，动物的领地还在不断缩小，并被分割为一个个碎片……这是许多物种数量急剧减少的重要原因。

灭绝动物年表

1.5 万年前

1 世纪

19 世纪

20 世纪

这幅灭绝动物年表汇集了书中提及的 27 种动物。我们发现了它们的一个共同点：它们都曾与人类相遇。年表最上方是大洋洲（巨长吻针鼹）和美洲（地懒和雕齿兽）的巨型动物的代表，它们曾与史前时代最早的人类共同生活。年表的末尾是最近宣布灭绝的白鱀豚和孤独乔治（加拉帕戈斯群岛平塔岛象龟的最后个体）。